NOTE

SUR LA FABRICATION

DES

FONTES D'HÉMATITE

Dans le North Lancashire et le Cumberland (Angleterre).

PAR M. S. JORDAN

Ingénieur de la Société des Gaz et Hauts-Fourneaux de Marseille.

PARIS

IMPRIMERIE DE A. GUYOT ET SCRIBE,

Rue Neuve-des-Mathurins, 18.

1862

De la part de l'Auteur
à la Société d'Emulation de Montbéliard

NOTE

SUR LA FABRICATION

DES

FONTES D'HÉMATITE

Dans le North Lancashire et le Cumberland (Angleterre).

PAR M. S. JORDAN

Ingénieur de la Société des Gaz et Hauts-Fourneaux de Marseille.

NOTE

SUR LA FABRICATION

DES

FONTES D'HÉMATITE

DANS LE NORTH LANCASHIRE ET LE CUMBERLAND (ANGLETERRE).

CHAPITRE PREMIER

Introduction.

Depuis la publication de la seconde édition du *Voyage métallurgique en Angleterre*, de MM. Dufrénoy, Élie de Beaumont, Coste et Perdonnet, en 1837, jusqu'à ces derniers temps, aucun document de quelqu'importance n'est venu mettre les métallurgistes français au courant des progrès et des procédés nouveaux de la fabrication de la fonte et du fer dans les diverses régions du Royaume-Uni, notre voisin. Ce manque de documents n'a pas été, comme on pourrait le croire, causé seulement par le silence des personnes compétentes qui visitaient l'Angleterre, mais bien plutôt par le très-petit nombre de ces personnes, provenant de l'absence de curiosité chez les intéressés de notre pays. Pendant de longues années, maintenant encore peut-être, il a été plus ou moins admis en principe, chez nos ingénieurs et nos maîtres de forges, que nos procédés et nos appareils, pour la fabrication de la fonte et du fer, étaient infiniment supérieurs à ceux employés par nos insulaires voisins, et que la richesse seule du sol de la Grande-Bretagne en produits houillers et minéraux était cause de cette énorme différence dans le prix de revient, qui nécessitait en France le maintien d'un tarif douanier protecteur de notre industrie métallurgique. D'où provenait, d'où provient cette opinion arrêtée de la supériorité de nos procédés et de nos appareils? Il est difficile de l'expliquer, à moins d'admettre que, par amour-propre national, nous ayons voulu être les seuls à faire des progrès en métallurgie, et que nous ayons voulu laisser nos rivaux enchaînés au statu quo qui nous était décrit par le *Voyage métallurgique*. Quoi qu'il en soit, cette opinion existait, et l'Exposition universelle de 1851 elle-même n'a pas excité une bien grande curiosité parmi nos métallurgistes : nous n'avions rien à apprendre en Angleterre. Les quelques occasions qui, de loin en loin, amenaient des ingénieurs français, attachés à des compagnies de chemins de fer, dans ces immenses usines du Pays de Galles ou des districts de Newcastle et de Middlesborough, où la quantité des matières en mouvement lui fait quelquefois attribuer à tort la totalité d'économies de fabrication, parmi lesquelles il en est de dues à des perfectionnements réels, étaient des faits isolés et peu propres à détruire ce préjugé.

La mission officielle dont furent chargés, en 1860, deux ingénieurs du corps impérial des mines, MM. Grüner et Lan, dans le but de compléter les documents formant le dossier de l'enquête ouverte devant le Conseil supérieur du Commerce à l'occasion du traité de commerce projeté, a eu pour l'un de ses résultats de démontrer le peu de fondement de l'opinion dont nous venons de parler et peut-être, par réaction, d'atténuer dans une proportion un peu trop forte les avantages énormes de l'Angleterre sous le rapport de la richesse minérale et de l'économie des communications. La publication que MM. Grüner et Lan ont faite, d'abord dans les *Annales des mines* et ensuite dans un ouvrage spécial, du rapport de leur mission sous le titre d'*État présent de la métallurgie du fer en Angleterre*, est venue remplir le vide regrettable signalé plus haut. Ce travail remarquable, véritable traité pratique de métallurgie du fer, démontre que, sous le rapport des diverses branches de la fabrication, les maîtres de forges anglais sont bien loin de l'infériorité prétendue qui était chez nous passée presqu'en proverbe. L'économie de la consommation de combustible, l'emploi de la houille crue, de l'anthracite, des scories de forge, l'utilisation des gaz perdus, l'accroissement de la production, le chauffage du vent, le perfectionnement des appareils mécaniques, la forme et la construction des hauts-fourneaux sont autant de points particuliers où le progrès s'est fait sentir en Angleterre tout aussi bien qu'en France. Si, sous un rapport peut-être, l'utilisation des gaz perdus, les usines anglaises étaient, en 1860, un peu en arrière des usines françaises, elles étaient en avant sous celui de l'accroissement de la production. Le récent traité de commerce conclu avec l'Angleterre, et la lutte qui s'est déjà engagée entre les fers anglais et les nôtres sur nos propres marchés donnent un intérêt sérieux à l'étude comparée des procédés et des produits similaires des deux pays, et il est probable que l'absence de curiosité signalée plus haut est déjà remplacée par une émulation qui cherchera à se renseigner et qui ne permettra pas que l'Angleterre vienne ajouter à l'immense supériorité qu'elle doit à la Providence, celle qui dériverait de procédés ou d'appareils plus parfaits.

Le travail de MM. Grüner et Lan et les *Mineral Statistics* de M. Robert Hunt, conservateur des Archives minières et métallurgiques du Royaume-Uni, pour 1860, forment un jalon dans l'histoire de l'industrie sidérurgique anglaise. Pareil jalon peut être établi pour la France à l'aide des statistiques du Ministère des Travaux publics. L'avenir nous apprendra lequel des deux pays, sous le stimulant énergique que crée le traité de commerce, aura continué à marcher le plus vite dans la voie du progrès et des économies de fabrication, et aussi lequel aura accru l'importance et le nombre de ses usines, plus ou moins aux dépens de l'autre.

L'Exposition internationale de cette année n'a pas permis de faire une comparaison de quelque valeur entre la France et l'Angleterre, au point de vue de la production de la fonte et du fer. La plupart de nos grandes usines se sont abstenues d'exposer, et les maîtres de forges anglais écrasaient sans conteste leurs rivaux étrangers de la première classe (Minéraux et produits des mines, carrières et usines métallurgiques) sous l'ampleur et la richesse de leurs expositions.

Cependant, les personnes compétentes qui ont examiné d'un peu près cette première classe de l'Exposition anglaise ont pu être frappées de quelques tendances bien caractérisées assez nouvelles dans les forges anglaises, et qui indiquent que l'industrie de nos rivaux ne reste pas stationnaire et continue à progresser rapidement.

Comme on le sait généralement en France, la plus grande partie des usines à fer d'Angleterre a eu pour programme de fabriquer beaucoup et le plus économiquement possible, sans se préoccuper outre mesure de la qualité des produits. Pour cela, elles étaient toutes établies sur les divers bassins houillers : elles consommaient les minerais tirés du sol même où elles reposaient et produisaient des fontes et des fers auxquels on cherchait des emplois en raison de leurs qualités.

Ainsi, les usines du Pays de Galles traitaient autrefois les *argillaceous ores* (fers carbonatés lithoïdes) du pays même et les scories des nombreuses forges voisines. Elles produisaient des fontes et des fers de qualité assez médiocre.

Les usines du Staffordshire traitaient les minerais houillers de leur propre sol, comme celles du Cleveland leur minerai liasique.

Toutes ces usines donnaient, et beaucoup donnent encore, des produits d'un prix très-réduit mais d'une qualité souvent plus que médiocre. Plusieurs de nos négociants en fers ont pu en faire l'expérience depuis la mise en vigueur du traité de commerce.

La majeure partie des fontes et fers de qualités supérieures dont l'industrie anglaise avait besoin, pour la fabrication des aciers par exemple, était importé de Suède et d'Allemagne.

Cet état de choses a commencé à subir de notables changements. Les hauts-fourneaux du Pays de Galles, du Staffordshire, etc. ont appris à améliorer la qualité de leurs produits par des mélanges convenables de minerais importés, ou de l'étranger (Espagne, île d'Elbe, Afrique), ou des autres comtés de l'Angleterre (Lancashire, Cumberland, Cornwall). Depuis de longues années déjà les *red ores* (hématites rouges) de Whitehaven et d'Ulverstone traversent la mer d'Irlande pour aller suppléer à l'insuffisance des minerais gallois.

Mais on ne s'est pas arrêté là; l'Exposition de 1862 prouve que plusieurs grandes usines d'Angleterre entreprennent sérieusement la fabrication des fontes spéciales de qualité supérieure, et qu'elles y obtiennent déjà des résultats des plus remarquables et comme produits et comme prix de revient.

Elles ont abandonné le vieux principe, sacramentel en Angleterre, qu'il fallait apporter le minerai au charbon, et non le charbon au minerai. Ce principe a été longtemps aussi souverain en France, et les rares usines qui y faisaient exception (les hauts-fourneaux de Marseille, par exemple) étaient encore naguères taxées d'entreprises déraisonnables. Mais le progrès marche, et les principes routiniers disparaissent en Angleterre comme en France.

Tous les visiteurs de l'Exposition ont remarqué dans l'annexe orientale le magnifique modèle en relief de l'usine d'Ulverstone, de cette grande usine à fonte qui, contrairement à tous les principes, aurait-on dit il y a quelques années à peine, est située à une assez grande distance du bassin houiller qui lui fournit ses cokes. Ils ont pu juger, par les expositions diverses des hématites rouges du Lancashire et du Cumberland, des hématites brunes du Devonshire et de la forêt de Dean, des minerais manganèsés et des oxydes magnétiques du Cornwall, des minerais spathiques du Somersetshire et du Northumberland, que l'Angleterre aussi était riche en minerais spéciaux, et que l'attention des maîtres de forges s'y portait. Les fontes des usines d'Ulverstone et de Cleator, celles des fourneaux d'Ebbw-Vale et Pontypool, celles de la Compagnie de Weardale, ainsi que les fers et les aciers obtenus avec ces fontes spéciales, ont certainement été remarquées par les intéressés de notre pays.

Dans ces diverses expositions, l'attention d'un producteur de fonte était attirée par l'importance spéciale et nouvelle que prend sur les marchés anglais le district du North Lancashire et celui du Cumberland, par suite de l'extrême extension donnée à l'emploi des hématites rouges, des aptitudes spéciales pour acier, reconnues aux fontes d'hématites, de la création de l'usine d'Ulverstone et des résultats inusités obtenus par cette usine. Aussi, trouvera-t-on peut-être quelqu'intérêt dans les détails qui vont suivre sur la fabrication de la fonte dans cette partie de l'Angleterre, d'autant plus que l'ouvrage de MM. Grüner et Lan, dont il a déjà été question, laisse ce district métallurgique un peu dans l'ombre, son importance ne datant guère que d'un an ou deux.

CHAPITRE II

Description physique et industrielle du Lake-District.

Le Lancashire, comme il est facile de le voir en jetant les yeux sur une carte d'Angleterre, est un des grands comtés de ce royaume; il s'étend, sur le littoral de la mer d'Irlande, depuis Liverpool jusqu'au-delà de Lancastre. Quoiqu'il renferme la majeure partie du bassin houiller bien connu qui alimente Liverpool et Manchester, il n'a pas jusqu'à présent compté parmi les districts producteurs de fonte de l'Angleterre. Il est bien connu et joue un rôle considérable dans les industries du coton, de la construction de machines, de la quincaillerie, du gaz d'éclairage, grâce aux ports de Liverpool et de Lancastre, aux filatures et aux tissages de Manchester, Blackburn, Preston, et aux fonderies et ateliers de construction de Liverpool et Manchester, aux houilles et aux cannelcoals de Wigan et de Bolton.

Le North Lancashire, par contre, partie du comté isolée du reste et enclavée entre le Cumberland et l'ouest du Westmoreland, est fort peu connue des industriels et des commerçants étrangers. Avec le sud du Cumberland et l'ouest du Westmoreland, elle forme ce qu'on appelle en Angleterre le *District des Lacs* (Lake-District). C'est une contrée très-montagneuse, boisée et parsemée d'un grand nombre de petits lacs qui lui ont donné et son nom et la célébrité dont elle jouit en Angleterre. C'est la Suisse britannique : c'est là que les touristes patriotes vont en juillet et août, le sac sur le dos et la pique à la main, gravir les pics d'Helvellyn et Scawfell, se plonger dans les eaux cristalines d'Ulleswater et de Winander-Mere, ou étudier les nombreux restes des architectures druidiques, romaines ou gothiques. Une école spéciale de poètes, connus sous le nom de Poètes des Lacs ou Lakistes, dont le célèbre Wordsworth a été le fondateur, a chanté tous les mérites de cette contrée pittoresque. Cependant, les touristes, plus ou moins poètes, artistes ou archéologues, n'étaient pas les seuls qui parcourussent le district des Lacs ; le géologue n'y trouvait pas moins d'intérêt : une riche variété de roches formant une série complète depuis les granits jusqu'aux terrains houiller, triasique et permien, y attire tous les ans, depuis longtemps, une foule de ces amateurs de science, plus nombreux en Angleterre qu'en France.

Parmi les particularités géologiques, on y connaît le petit bassin houiller qui s'étend depuis Whitehaven jusque vers Carlisle et les gisements de la célèbre hématite rouge de Whitehaven et d'Ulverstone. En 1824 déjà, ce minerai était connu et exploité dans le pays, d'où on l'exportait en majeure partie pour les usines du Pays de Galles. Quelques usines à fonte végétaient plus ou moins péniblement sur le littoral de la mer d'Irlande, et se maintenaient en activité, grâce à la supériorité reconnue de leurs fontes d'hématite. C'étaient les usines au coke de Cleator et de Workington dans le Cumberland, et celles au bois de Newland, de Backbarrow et de Duddon, près d'Ulverstone, dans le North-Lancashire. Le district des Lacs était, par suite, bien peu connu des maîtres de forges étrangers. Le *Voyage métallurgique* n'en avait pas même signalé l'existence, et le travail de MM. Grüner et Lan, de 1860, ne fait qu'en indiquer l'importance naissante.

Aussi est-ce avec un certain étonnement que l'on apprit par l'exposition de 1862 qu'il existait dans cette région des usines importantes, dont deux surtout attiraient l'attention : la plus ancienne, celle de Cleator, par la spécialité de ses fontes pour l'acier Bessemer, la plus nouvelle, celle d'Ulverstone, par sa grandeur et l'énormité de sa production. Plusieurs des visiteurs étrangers de l'Exposition voulurent voir aussi ces usines, et malgré l'éloignement et l'isolement industriel de ce pays, presqu'inconnu pour eux, s'acheminèrent vers le district des Lacs, confondus dans la foule des touristes anglais, attirés par des motifs moins prosaïques.

Le voyage de Londres jusqu'à Lancastre se fait assez rapidement par le « London and North Western railway, » malgré la complication du réseau des chemins de fer. Si le voyageur est trop absorbé par le but particulier qu'il poursuit, pour donner une grande attention au style *sui generis* des paysages anglais, à la fraîcheur des prairies du Cheshire, il ne peut traverser sans curiosité et sans intérêt les contrées houillères, métallurgiques et cotonnières qu'il rencontre sur sa route à Stafford, Wigan, Preston, etc.

Arrivé à Lancastre, il prend le chemin de fer de Carlisle, qu'il quitte bientôt à Carnforth pour l'échanger contre le chemin de fer de Lancaster-Ulverstone, construit depuis peu de mois, encore inachevé, et sur lequel il circule sans se douter d'abord de l'importance de cette voie et de la révolution qu'elle a déjà apportée dans l'industrie de ces contrées. Il traverse sans danger, emporté par la locomotive, les célèbres sables de Morecambe Bay (vulgairement *sables de Lancastre*), ressemblant beaucoup à nos grèves du Mont-Saint-Michel, et qui sont deux fois par jour laissés à découvert par la marée; il remarque en passant, dans ces grèves arides, des îles verdoyantes semblables à des oasis couvertes de cultures, et arrive enfin à Ulverstone. C'est près de cette petite ville que se trouvent les seuls hauts-fourneaux d'Angleterre qui travaillent encore au charbon de bois. Ce sont celui de Newland, situé près de la mer, et celui de Backbarrow, situé à la pointe sud du lac de Windermere, appartenant tous deux à MM. Harrison, Ainslie et Cie. Ils roulent avec les minerais voisins et les charbons produits dans les forêts du comté, et leurs produits se dirigent vers le Yorkshire. Depuis de longues années déjà, ce sont les seules usines au bois qui aient survécu aux trois ou quatre qui existaient vers le commencement du siècle. MM. Harrison, Ainslie et Cie sont maintenant les seuls représentants de l'ancienne métallurgie : ils possèdent deux autres hauts-fourneaux qui sont éteints actuellement, l'un à Duddon, dans le Cumberland, l'autre à Bunawe, dans le comté d'Argyle, en Écosse.

C'est aussi à Ulverstone que se trouvent les bureaux de MM. Schneider et Hannay, les directeurs de la société des « Ulverstone Hœmatite Iron Works, » et fondateurs de la grande usine représentée à l'Exposition par un modèle en relief et des échantillons de minerais et fontes. L'usine n'est pas à Ulverstone, elle en est assez éloignée, et pour s'y rendre, on doit reprendre le chemin de fer qui conduit à Furness-Abbey. Là, dans une vallée délicieuse, sous des ombrages séculaires et en face de ruines gothiques d'une étendue et d'une beauté remarquables, on prend le petit embranchement qui conduit au port de Barrow, situé à l'extrémité du promontoire de Low-Furness. C'est avec surprise qu'après avoir traversé ce recoin romantique et isolé, on arrive au bord de la mer d'Irlande, sur une plage d'une grande étendue, où se construit une gare considérable de chemin de fer et où se font des travaux hydrauliques importants pour la construction d'un vaste port et l'amélioration du canal de Barrow. A l'extrémité de cette plage, on aperçoit le grandiose établissement qui porte le nom de : « *Usine à fonte d'hœmatite d'Ulverstone.* » On trouvera plus loin la description de cette usine qui fabrique déjà plus de 10,000 tonnes de fonte par mois, avec six fourneaux seulement, et augmente encore ses moyens de production. Elle consomme aussi les minerais de la localité et fait venir ses cokes du comté de Durham.

Le port de Barrow, qui a déjà une importance assez considérable par la masse des hématites qui s'exportent annuellement pour le pays de Galles, est encore appelé à en prendre davantage. La Compagnie du chemin de fer de Ulverstone-Lancaster et Furness a de grands projets pour l'avenir de ce port ; elle y prépare des terrains pour la construction des usines et des établissements qu'elle compte attirer sur ce point.

Si, au lieu de prendre à Furness-Abbey l'embranchement de Barrow, on continue sa route sur le « Whitehaven and Furness junction railway, » dont le tracé suit à peu près le rivage de la mer d'Irlande, on arrive à Whitehaven, autre port d'une grande importance pour l'exportation des minerais de fer du pays. C'est là que l'on trouve le commencement du bassin houiller dont il a été question plus haut, et qui comprend vingt-huit exploitations. C'est à ses houillères que Whitehaven doit sa principale source de richesse. Elles sont peut-être les plus extraordinaires du monde, étant situées sous la ville et s'étendant à une grande distance par-dessous le lit de la mer. Elles ont près de 300 mètres de profondeur et présentent des cavités immenses qui les font ressembler à une ville souterraine; on en extrait jusqu'à 1,500 tonnes de houille par jour. La mer y a fait assez souvent des irruptions, causant des dégâts considérables et des catastrophes lamentables : les mineurs y sont aussi fort exposés aux explosions et aux asphyxies. Plusieurs petits chemins de fer conduisent le charbon au rivage, et d'énormes machines à vapeur travaillent constamment à pomper les eaux d'infiltration. Les mines ont cinq entrées principales, que l'on appelle *Bearmouths* (gueules d'ours), trois au sud et deux au nord, dans chacune desquelles on peut descendre avec des chevaux.

Les mines d'hématite se trouvent à une certaine distance de la ville et elles sont reliées au port et à la ligne principale par deux petits embranchements de quelques kilomètres qui conduisent l'un aux exploitations d'Égremont, et l'autre aux mines et usines de Cleator.

L'usine de Cleator ou Cleator-Moor (*moor* signifie *lande*), qui possède maintenant cinq hauts-fourneaux au coke, est de fondation très-ancienne, mais n'a pris que depuis quelques années à peine le développement et l'importance qu'elle a maintenant. Ses fontes grises d'hématites sont les premières fontes anglaises avec lesquelles M. Bessemer ait obtenu des résultats satisfaisants, et ce sont encore celles qu'il préfère pour l'application de son procédé. Il est inutile de dire qu'elle emploie les houilles et les minerais qu'elle trouve à côté d'elle.

En continuant le trajet en chemin de fer depuis Whitehaven, on arrive bientôt à Workington, autre port de mer où l'on trouve encore des houillères importantes et une usine en fonte. L'usine de Workington, qui compte six hauts-fourneaux, est absolument dans la même situation que celle de Cleator. Son importance, minime jusqu'à ces derniers temps, s'accroît tous les jours, et ces deux usines prendront certainement un développement considérable si le peu d'importance du bassin houiller n'y met pas un obstacle. Au-delà de Workington, le bassin houiller se prolonge jusqu'à Maryport; mais on ne trouve plus d'usine à fonte, et il est inutile pour nous de continuer une route qui conduirait rapidement à Carlisle, et de là à Glascow ou Édinburgh.

On voit que toutes les usines à fonte du North-Lancashire et du Cumberland se trouvent dans le voisinage de la mer et que le voyageur qui les parcourt côtoie le district des Lacs sans y pénétrer. Le centre de ce district ne possède point de chemin de fer, ainsi qu'on peut le voir sur la carte abrégée jointe à cette notice, et reste complétement en dehors du mouvement industriel du littoral. Il en serait encore de même peut-être pour ce littoral, au moins pour le Furness, sans la construction de deux lignes de chemin de fer dont on comprendra l'importance dans le chapitre suivant.

CHAPITRE III

Minerais, — Combustibles. — Fontes, — Voies de communication.

MINERAIS. — Les minerais de fer du North-Lancashire et du Cumberland appartiennent tous à la classe des Hématites rouges (en anglais *red hœmatite iron ore*).

Plus que la plupart de nos hématites françaises, celles de ces contrées méritent ce nom et la définition qu'en donne Théophraste, un des plus anciens minéralogistes de l'antiquité. « L'*hœmatite* ou pierre de sang est d'une texture serrée et solide ; elle est sèche et semble, comme l'indique son nom, être formée d'une concrétion de sang. »

Les caractères extérieurs du *red ore* ne sont cependant pas partout identiques. On en trouve dans certains gisements qui a tout l'aspect des hématites *lithoïdes* de Lavoulte et de Privas ; d'autres fois il est dur, luisant et semblable aux *agathisés* de la même provenance. Ailleurs il est en énormes rognons mamelonnés, à cassure fibreuse et rayonnée, et d'un aspect presque métallique ; sa teneur en fer arrive alors à 67 et 68 pour 100. Ou bien il forme des graviers pisolithiques, ou une poussière onctueuse (*puddling ore*). Dans ce dernier cas il sert aux fabricants de fonte malléable, et aussi aux puddleurs pour les soles de leurs fours. Enfin, il en est qui sont presque terreux, de couleur très-foncée (*black ore*), et qui renferment des proportions notables de manganèse.

La gangue de tous ces minerais est surtout siliceuse ; la proportion de chaux qu'ils renferment est insignifiante. On y trouve des traces de soufre, de phosphore, quelquefois de plomb et d'arsenic. Presque tous renferment une certaine proportion de manganèse.

Une des variétés les plus riches est l'hématite rayonnée que l'on extrait des mines de Parkside, près Whitehaven. Les échantillons qui se trouvaient à l'Exposition avaient une apparence magnifique. Leur analyse donne :

Péroxyde de fer	98,26
Silice.	1,59
Phosphate de fer.	0,30
Chaux et magnésie	Traces.

Ce qui répond à une teneur en fer de 68, 782 pour 100.

Voici un certain nombre d'analyses de *red ores* faites par le docteur Percy, professeur de métallurgie à l'École des Mines de Londres.

MINERAIS DU CUMBERLAND (ENVIRONS DE WHITEHAVEN).

	Hard ore de Cleator-Moor. (Minerai dur.)	Soft ore de Cleator-Moor. (Minerai doux.)
Péroxyde de fer. . . .	95,16	90,36
Protoxyde de fer . . .	»	0,19
Protoxyde de manganèse.	0,24	0,10
Chaux.	0,07	0,71
Magnésie.	»	0,06
Alumine.	0,06	1,43
Silice.	5,66	7,05
Acide phosphorique. . .	Trace.	Trace.
Acide sulfurique. . . .	Trace.	Trace.
Bisulfure de fer. . . .	Trace.	0,06
	101,19	99,96
Teneur en fer métallique.	66,6 p. 100.	63,3 p. 100.

MINERAIS DU NORTH LANCASHIRE (ENVIRONS D'ULVERSTONE).

	Mine de Lindal-Moor.	Mine de Gillbrow.
Péroxyde de fer. . . .	94,27	86,50
Protoxyde de manganèse.	0,23	0,21
Chaux.	0,05	2,77
Magnésie.	»	1,46
Alumine.	0,63	0,38
Silice.	4,90	6,18
Acide phosphorique. . .	Trace.	Trace.
Acide sulfurique. . . .	0,09	0,11
Bisulfure de fer. . . .	0,0	0,0
Acide carbonique . . .	0,0	2,96
	100,17	100,57
Teneur en fer métallique.	66 p. 100.	60,5 p. 100.

Ces analyses sont faites d'après des échantillons un peu choisis, cependant la moyenne de la teneur en fer des minerais employés dans le pays se rapproche souvent de 60 pour 100, et descend rarement au-dessous de 55 pour 100.

Quant au gisement géologique des *red ores*, il est à peu près le même dans le Cumberland et le North Lancashire. Ainsi qu'on peut le voir sur l'esquisse de carte annexée à ce travail, le terrain houiller est représenté dans ces contrées par les trois formations : *le mountain limestone* (calcaire carbonifère), *les grit measures* et *les coal measures*. Des lambeaux du calcaire carbonifère se montrent entre Ulverstone et Barrow et près de Whitehaven. C'est dans cette formation et dans celle du millstone grit que se rencontre l'hématite à l'état d'amas plus ou moins aplatis et presque toujours voisins des schistes de transition sur lesquels repose, soit le calcaire carbonifère, soit souvent le millstone grit directement. M. R. Hunt explique sa présence par l'action sur les roches plus anciennes d'eaux chargées probablement d'acide carbonique, qui sont venues déposer l'oxyde de fer, soit dans les cavités et les vides des calcaires et des schistes (comme cela se montre dans les environs de Whitehaven, à Parkside en particulier, où le minerai est recouvert par plusieurs alternances de schiste et de grès appartenant aux grit measures), soit dans les fissures et les dépressions de la surface des roches encaissantes (comme on le voit dans les gisements du district d'Ulverstone, où le minerai arrive jusqu'à la surface du sol et n'est recouvert que par quelques alluvions modernes). Dans les mines de Parkside, on trouve une épaisseur de minerai de plus de 21 mètres.

L'extraction des mines de Whitehaven et d'Ulverstone va en s'accroissant rapidement; voici les chiffres pour 1860, d'après M. R. Hunt, avant l'extension des usines à fonte du pays.

Les vingt-deux mines du Cumberland ont produit, y compris ce qui a été exporté de Whitehaven et ce qui a été consommé par les usines de Cleator et Workington :

473,853 tonnes d'une richesse moyenne de 66,6 pour 100, évaluées à fr. 13,55 les 1,000 kilog. sur le carreau des mines.

Les vingt-deux mines du North Lancashire, district d'Ulverstone, en comprenant la consommation des usines d'Ulverstone et de Barrow, et l'exportation de ces deux ports, ont produit :

528,641 tonnes d'une richesse moyenne de 65,98 pour 100, évaluées à fr. 12,31 les 1,000 kilog.

Combustibles. — On a déjà vu que les deux usines du Cumberland, Cleator et Workington, employaient le coke produit par les houilles du petit bassin de Whitehaven. Nous ne pouvons qu'indiquer par quelques chiffres l'importance de ce bassin, qui,

En 1857 a extrait		956,148 tonnes.
1858	—	933,938
1859	—	1,057,517
1860	—	1,188,617

L'usine d'Ulverstone ne s'alimente pas aux houillères du Cumberland. Les cokes qu'elle emploie traversent l'Angleterre de l'est à l'ouest, pour arriver au port de Barrow. Ils sont fabriqués à Darlington, dans le comté de Durham, par MM. J. Pease et Cie, et leur pureté et leur qualité sont bien connues en Angleterre, où ils jouissent d'une réputation méritée. Leur aspect est très-beau; ils sont argentins, durs et sonores, et ne renferment pas plus de 5 à

6 pour 100 de cendres; quant à leur prix, il est d'environ 9 shillings, soit fr. 11,25 la tonne prise aux fours; ils ont à parcourir de 150 à 160 kilomètres pour arriver à l'usine sur divers chemins de fer, où le frêt par tonne et par kilomètre varie de 4 à 6 centimes. Leur prix paraît donc être au *maximum* de fr. 22 la tonne rendue au pied des fourneaux de Barrow.

MM. Schneider et Hannay, propriétaires de cette usine, ont, paraît-il, l'intention de fabriquer eux-mêmes plus tard le coke nécessaire à leurs besoins, car le plan relief de leur établissement, figurant à l'Exposition, comprend une batterie considérable de fours à coke.

Quant aux fourneaux au bois de MM. Harrison, Ainslie et Cie, près d'Ulverstone, on a déjà vu qu'ils consomment les charbons de bois provenant des forêts montagneuses du Lake-District, et qu'ils sont les seuls d'Angleterre encore en feu.

Fontes. — Voici la statistique des usines à fonte d'hématite existant au commencement du deuxième semestre 1862 dans le Lancashire et le Cumberland.

Noms des usines.	Propriétaires.	Nombre de fourneaux.	Fourneaux en feu.	Fourneaux éteints.
Lancashire.				
Kirkless-Hall. .	Cie de Kirkless-Hall . . .	4	3	1
Backbarrow. .	MM. Harrison, Ainslie et Cie.	1 (au bois)	1	0
Newland. . . .	Idem.	1 (au bois)	1	0
Barrow	MM. Schneider et Hannay. .	7	6	1
Cumberland.				
Cleator-Moor. .	Cie des Fontes d'hématite de Whitehaven.	5	4	1
Duddon	MM. Harrison, Ainslie et Cie.	1	0	1
Seaton.	M. le comte de Lonsdale. .	1	0	1
Harrington . . .	M. Edwin Lewis.	1	0	1
Workington. . .	Cie des Fontes d'hématite de Workington.	6	4	2
West-Cumberland.	Cie des Fontes d'hématite du West-Cumberland. . . .	4 (neufs)	0	4
	En tout. . .	31	19	12

La production des fontes d'hématite dans les deux comtés a été :

En 1859. . . .	77,736	tonnes de 1,000 kilog.
1860. . . .	171,738	—
1861. . . .	169,951	—

La production annuelle moyenne par fourneau en 1860 et 1861 est de 10,000 tonnes environ. Mais on verra que les nouveaux fourneaux de Barrow sont au-dessus de cette moyenne, puisqu'ils produisent jusqu'à 90 tonnes par vingt-quatre heures.

Toutes ces usines produisent ordinairement des fontes grises à grain moyen, d'une teinte assez foncée, qui sont connues dans le commerce des métaux sous le nom d'*hœmatite pig iron* (fonte d'hématite), et sont toujours cotées à des prix supérieurs aux autres fontes similaires.

Elles ont, paraît-il, des aptitudes spéciales pour les aciéries, particulièrement pour celles où le procédé Bessemer est en usage, et sont dirigées en majeure partie vers le Yorkshire et Sheffield, où l'on en fait des aciers ordinaires pour rails et tôles.

Cette particularité des fontes d'hématite du district des Lacs paraît se retrouver en France où, dit-on, les fontes produites avec les hématites rouges de Lavoulte et de Privas ont donné les meilleurs résultats pour l'affinage par le procédé Bessemer.

Quant aux prix de vente des fontes d'hématite, nous ne pouvons mieux faire que de reproduire ici un extrait d'un prix courant du Staffordshire, datant du commencement de septembre 1862 :

	Prix de la tonne anglaise.				Prix des 1,000 kil.	
Cleator ou Workington hœmatite n° 1. . . .	3 l.	15 s.	» d.	ou	92 f.	36
Id. . . . . n° 2. . . .	3	12	6		89	27
Id. . . . . n° 3. . . .	3	11	»		87	43
Id. . . . . n° 4. . . .	3	10	»		86	20
Id. . . . . . . grey (truitée gris). . .	3	9	»		84	97
Id, . . . , . . mottled (truitée blanc).	3	8	»		83	74
Id. . . . . . . white (blanche) . . .	3	7	6		83	13
Barrow hœmatite n° 1.	3	10	6		86	81
Id. . . . n° 2.	3	10	»		86	20
Id. . . . truitée et blanche.	3	9	»		84	97

Tous ces prix sont, aux 1,000 kilogr., rendus dans les gares d'eau des canaux du Sud-Staffordshire.

On remarquera la plus-value des n°s 1 et 2 des usines de Cleator et de Workington par rapport au n° 1 de Barrow. Cela tient à ce que les n°s 1 et 2 de Cleator et de Workington se rapprochent beaucoup, comme grain et carburation, des fontes d'Écosse, et que, par suite, leurs prix sont à peu près identiques. L'usine de Barrow fabrique peu de ces fontes à gros grains graphiteuses.

Comme point de comparaison, nous dirons qu'à la même époque les fontes de moulage ordinaire (n°s 1, 2 et 3) valaient, dans les mêmes conditions de livraison, de 2 l. 7 s. 6 d. à 2 l. 12 s. 6 d. la tonne, c'est-à-dire de 58 fr. 50 c. à 64 fr. 65 c. les 1,000 kilogrammes, et les fontes blanches de forge de 55 fr. 41 c. à 58 fr. 50 c. les 1,000 kilogrammes; ces deux natures de fonte fabriquées, du reste, avec une certaine proportion de scories de forge.

Voies de communication. — Le district des Lacs, comme nous l'avons déjà dit, a été longtemps isolé du mouvement industriel de l'Angleterre. Ses hématites n'avaient d'autre débouché économique, en dehors des usines de Cleator, Workington et Ulverstone, que l'exportation par les ports de Whitehaven, Barrow et Ulverstone, d'où elles se dirigeaient par mer sur les districts métallurgiques du pays de Galles, et par le chemin de fer de Carlisle, d'où elles atteignaient les usines de l'Écosse et du Northumberland.

Les chemins de fer de Furness-Junction et d'Ulverstone-Lancaster, construits dans ces dernières années, ont enfin entouré toute la péninsule d'une ligne ferrée et mis en communication Whitehaven et Barrow avec Lancastre et Liverpool, en allant se souder à Carnforth avec la ligne Lancaster-Carlisle du London and North Western Railway.

Mais les houilles et les cokes de Durham et du Northumberland ne pouvaient encore arriver qu'en faisant un immense circuit vers le nord. Le railway, qui a enfin relié le district des Lacs à la zone houillère et métallurgique du nord-est, est le prolongement du chemin de fer de Darlington à Stockton, l'un des chemins de fer les plus anciens de la Grande-Bretagne. Pour mettre les houillères de Darlington en communication avec la Mer du Nord, on avait, lorsque l'industrie des chemins de fer naissait à peine, construit celui de Darlington à Stockton. Pour relier les houillères de Darlington et du comté de Durham avec les mines et les usines du district des Lacs, on a construit tout récemment le « South-Durham and Lancashire Union Railway », qui part de Darlington et va se souder à Tebay sur la ligne de Lancastre à Carlisle. Les charbons de Darlington, arrivés à Tebay, circulent jusqu'à Carnforth sur la ligne de Lancastre, et de là arrivent enfin sur les chemins de fer du Furness, qui les amènent à Ulverstone et à Barrow après un trajet de plus de 150 kilomètres.

La création de la grande usine du port de Barrow a été certainement une des conséquences de la construction de ce chemin de fer, auquel elle fournit déjà un trafic annuel de plus de 250,000 tonnes de charbons, cokes ou fontes. Il est probable qu'elle ne sera pas la seule et que le littoral du North-Lancashire verra se créer encore d'autres établissements métallurgiques importants.

Un mouvement analogue se produira peut-être dans le district de Whitehaven lorsque deux embranchements nouveaux, actuellement en construction, seront achevés; à savoir : celui de Kirby-Stephen à Clifton et celui de Penrith à Workington. Ce dernier traverse le Cumberland et remplira, pour les environs de Whitehaven, le même but que celui d'Ulverstone pour le Furness. Il mettra Whitehaven en communication directe avec Darlington et les houillères et usines du comté de Durham. L'usine du West-Cumberland en cours de construction est sans doute un premier résultat produit par la nouvelle voie ferrée.

CHAPITRE IV

Description de l'Usine à fonte d'hématite d'Ulverstone.

L'usine à fonte d'hématite d'Ulverstone, située au port de Barrow, à l'extrémité de la petite péninsule du Bas-Furness, appartient à MM. Schneider, Hannay et Cie, qui ont leur résidence et leurs bureaux dans la petite ville d'Ulverstone, sur le chemin de fer de Barrow à Carnforth-Lancaster. La construction a été commencée en 1859, et l'usine, projetée avec quatre fourneaux, devant produire ensemble 800 tonnes de fonte par semaine, était déjà arrivée en 1860 à une production de près de 47,000 tonnes, avec trois fourneaux qui n'avaient pas été tous en roulement pendant les douze mois.

En 1861, on entreprit la construction de deux nouveaux fourneaux, et la production de l'année, avec quatre fourneaux en moyenne, dépassa 70,000 tonnes, quoique la soufflerie commençât à n'être pas suffisante pour le nombre des fourneaux existants.

En 1862, on a commencé à élever un septième fourneau, dont la partie inférieure seule est encore construite, et on a installé une puissante machine soufflante, en addition aux deux existant précédemment. Six hauts-fourneaux sont en feu actuellement et produisent environ 2,500 tonnes de fonte par semaine, soit une moyenne de plus de 60 tonnes par fourneau et par vingt-quatre heures, proportion inconnue jusqu'alors dans la métallurgie du fer.

Avant de commencer la description des appareils divers de l'usine, voici sa consistance en septembre 1862 :

Sept hauts-fourneaux, dont six en feu;

Trois machines soufflantes;

Dix chaudières à vapeur de grande dimension, chauffées par les gaz perdus, pour le service de la soufflerie;

Deux machines motrices pour les aspirateurs de gaz;

Quatorze appareils à air chaud, chauffés par les gaz perdus;

Deux machines fixes pour le service des plans inclinés de chargement;

Quatre chaudières à vapeur, chauffées par les gaz perdus, pour les quatre machines motrices, sans parler des divers accessoires nécessaires, pompes pour l'eau, ateliers de réparations, bascules à peser, etc.

FORME, DIMENSIONS ET CONSTRUCTION DES HAUTS-FOURNEAUX. — Les six hauts-fourneaux actuellement en feu ne sont pas tous des mêmes dimensions et ne produisent pas tous la même quantité de fonte.

Les deux plus anciens (nos 1 et 2) n'ont que 4 m. 58 (15 pieds anglais) de diamètre au ventre; le n° 3 et le n° 4 ont 4 m. 74 (15 pieds 6 pouces), et les trois plus récents, nos 5, 6 et 7, ont 4 m. 90 (16 pieds).

Les diamètres au gueulard varient d'une manière correspondante. Quant aux autres dimensions, elles sont à très-peu de chose près les mêmes pour les sept fourneaux.

Voici le tableau de ces dimensions :

Diamètre au gueulard. .	3 m. 36 (11 pds)	3 m. 51	et	3 m. 66 (12 pds).
— au ventre . .	4 . 58 (15 —)	4 . 74	et	4 . 90 (16 —).
— aux tuyères.		2 . 59 (8 pds 6 pces).		
— à la sole.		1 . 83 (6 —).		
Hauteur de la sole au gueulard . . .		14 . 03 (46 —).		
— au ventre. . . .		5 . 19 (17 —).		
— aux tuyères . . .		0 . 91 (3 —).		

On trouvera ci-joint un profil des fourneaux dont le vide est une surface de révolution dans laquelle la génératrice est la courbe indiquée. Nous ferons seulement remarquer l'élargissement du gueulard, l'absence d'ouvrage proprement dit et la forte dimension transversale au niveau des tuyères.

La chemise tout entière du fourneau est en briques réfractaires, y compris les parois du creuset qui sont en grosses briques appareillées et dont l'épaisseur ne dépasse pas 1 mètre.

Ces fourneaux ronds n'ont presque point de masse ou tour extérieur. A une hauteur de 3 m. 50 environ, on voit tout autour une forte corniche en pièces de fonte qui est soutenue par dix ou douze colonnes régulièrement espacées.

Au milieu de ces colonnes s'aperçoivent les parois réfractaires du creuset et de l'ouvrage du fourneau. Derrière chaque colonne et en dedans du cercle qu'elles forment se trouve un contrefort en fonte vertical; ce sont ces dix ou douze contreforts qui supportent réellement, au moyen de maratres circulaires, la cuve et la tour. Cette tour est presque cylindrique et n'a qu'une faible épaisseur vers le ventre; car le diamètre extérieur n'a guère que 6 m. 50. Il n'y a point d'intervalle entre la chemise et la maçonnerie de briques ordinaires, qui sont, au contraire, reliées; mais le tout est entouré d'une enveloppe en forte tôle qui monte depuis la corniche, dont nous avons parlé, jusqu'au gueulard. Entre la tôle et la maçonnerie il y a un espace de quelques centimètres rempli de sable bien sec, afin de permettre à cette maçonnerie de prendre un certain jeu lors de la mise en feu.

La corniche, très-saillante en fonte, qui, supportée par les colonnes, fait le tour du fourneau, est creuse et renferme le tuyau porte-vent et un tuyau de conduite d'eau. Le tuyau porte-vent entre dans cette corniche derrière le fourneau et règne tout autour; il est en forme de tore et porte neuf ou dix tubulures en-dessous, où s'ajustent les tuyaux descendants en fonte ou *bottes* qui amènent le vent aux tuyères. Les colonnes (dix pour les fourneaux n°s 1, 2, 3 et 4, douze pour les n°s 5, 6 et 7) et les contreforts en fonte forment autour de la base du fourneau dix ou douze embrasures, dont celle de la façade, réservée pour le travail du creuset et la coulée, est plus spacieuse que les autres. A la rigueur, on pourrait installer dans ces embrasures neuf ou dix tuyères, et le porte-vent circulaire porte autant de tubulures. Mais on n'en a installé que six, et il n'y en a que cinq qui servent ordinairement dans les fourneaux n°s 1, 2, 3 et 4. Elles sont distribuées régulièrement autour du fourneau; il y en a une au milieu de la rustine dans les quatre plus anciens fourneaux; il n'y en a point dans les deux plus récents. Les bottes qui conduisent le vent à chaque tuyère sont fort simples, elles ont environ 15 centimètres de diamètre, ne portent point de valve ni de soupape et sont seulement percées d'un trou à l'opposite et dans l'axe de l'œil de la tuyère. Ce trou, habituellement fermé avec un bouchon en fer, sert à mesurer la température du vent.

Une seule valve placée sur le derrière du fourneau sert pour couper le vent à toutes les tuyères à la fois.

Les tuyères sont en fonte avec circulation d'eau à l'intérieur au moyen d'un serpentin en fer creux pris dans la fonte. La distribution d'eau est faite avec beaucoup de soin; des tuyaux en fonte munis de robinets amènent l'eau aux tuyères, depuis le tuyau général placé dans la corniche du fourneau, et l'emmènent ensuite dans un égout d'écoulement. Il n'y a point de bâches à eau, ni aux tuyères ni à la tympe.

On voit, d'après la description qui précède, que, comme profils, ces fourneaux rappellent ceux de la Clyde, surtout par l'absence d'ouvrage proprement dit, et, comme système de construction, les fourneaux neufs du Staffordshire ou de Middlesborough par la légèreté de leur masse, leur enveloppe en tôle et leurs colonnes. En France, nous ne connaissons point d'analogues pour le profil; quant au système de construction, on en trouverait quelques exemples dans le bassin de la Moselle et dans les nouveaux fourneaux de Franche-Comté. Il est à croire du reste que ce système se répandra dans nos usines, comme on a déjà commencé à l'y introduire, à la faveur des nombreux avantages qu'il présente.

Ces avantages, qu'il est bon de résumer brièvement, bien qu'ils soient immédiatement visibles pour un praticien, sont surtout :

La légèreté de la construction, l'économie des fondations, la rapidité du montage, la rapidité du séchage, l'absence de ces tassements et de ces dilatations si gênants avec les masses neuves, la possibilité d'élargir ou de rétrécir le ventre à peu de frais, la facilité de l'établissement de nombreuses tuyères, à diverses hauteurs, si c'est nécessaire, de la circulation autour du creuset, et par suite des réparations et des secours en cas d'accidents, enfin la moindre durée des chômages.

PRISE DE GAZ. — On a vu que le gueulard des hauts-fourneaux d'Ulverstone a des dimensions considérables; aussi; en voulant prendre et utiliser les gaz, on se trouvait en face des difficultés qui ont été éprouvées par divers ingénieurs, lorsqu'ils ont voulu élargir le gueulard de leurs fourneaux, en continuant à se servir des prises de gaz avec trémie ou avec carneau concentrique. MM Grüner et Lan citent l'exemple de l'usine du Pouzin, qui n'a pu porter son gueulard à 2 mètres de diamètre, le ventre ayant 4 mètres 50 de diamètre, sans troubler la marche du fourneau. On pourrait citer d'autres usines françaises qui ont éprouvé le même inconvénient, malgré l'emploi de wagons de chargement à trappes partielles répartissant aussi uniformément que possible la charge sur la face du gueulard et de trémies coniques dont la génératrice continuait celle de la cuve du fourneau. Dans les usines anglaises, cet inconvénient était moins senti, comme MM. Grüner et Lan l'expliquent, parce que les minerais houillers s'emploient grillés et sont très-réductibles, parce qu'on charge à la brouette des matières en blocs souvent assez gros, et aussi parce que l'emploi des gaz n'est pas encore aussi général qu'en France.

A l'usine d'Ulverstone, qui, par suite de l'éloignement et du prix de ses cokes, se trouve dans une situation plus semblable à celle des usines françaises, et où l'on voulait, par suite, économiser le combustible, on devait penser à utiliser le gaz le plus et le mieux possible. Les minerais employés n'étaient plus les minerais houillers, mais des minerais oxydés ayant beaucoup de rapports avec ceux de Lavoulte et de Privas; on se trouvait donc tout-à-fait en face de la difficulté.

Sans connaître, croyons-nous, le système de M. Coingt, de Montluçon, et pénétré probablement des idées qu'une étude du Dr Parry (bien connue en Angleterre, et que la *Revue universelle de Liége* (tome VI), nous a fait connaître en France), a inspirées aux maîtres de forges anglais, M. J.-T. Smith, ingénieur de l'usine, a imaginé un système de prise de gaz à dôme qui a résolu le problème comme le démontre une expérience de trois années.

Ce système, comme la plupart de ceux employés en Angleterre depuis quelques années, comme celui d'Old Park Works, notamment, prend le gaz surtout au centre du gueulard; mais il n'a pas, comme ces systèmes, de tuyau vertical plongeant dans les charges. En voici la description :

Dans l'axe du gueulard se trouve la prise de gaz qui est un tuyau en forte tôle doublé intérieurement d'un placage en briques réfractaires. Ce tuyau, dont l'orifice descend à 1 mètre 50 environ au-dessous du niveau du gueulard, est fixé verticalement sur une couronne formée de six blocs appareillés en terre réfractaire, et supportée par six arcs-boutants en maçonnerie réfractaire, ainsi qu'on le voit dans la figure 3.

Les six arcs-boutants et la couronne forment en travers de la cuve une espèce de dôme percé de sept ouvertures; une au centre pour la sortie des gaz et six sur la circonférence (deux ouvertures correspondent l'une à la rustine, l'autre à la tympe), pour la descente des charges.

Il reste toujours entre le dessous de ce dôme et la charge un espace vide dans lequel les gaz s'accumulent et d'où ils sont extraits par le tuyau central. Une petite partie de ces gaz du reste s'échappe au dehors et vient brûler à l'orifice du gueulard. Le tuyau en tôle est entouré d'une murette en briques réfractaires de 15 centimètres d'épaisseur environ. Le vide intérieur par lequel s'échappent les gaz a 1 mètre 37 de diamètre.

Le gueulard est entouré d'une cheminée cylindrique en briques, ayant le même diamètre intérieur, et qui a 3 m. 50 environ de hauteur. Cette cheminée est percée de six ouvertures au niveau de la plate-forme, garnies de cadres en fonte et fermées par des portes en tôle battantes, correspondant aux six ouvertures du dôme. C'est par ces portes que se fait le chargement avec de simples brouettes en bois, mode qui peut paraître primitif, mais qui réussit ici fort bien.

Les plates-formes des fourneaux sont très-vastes : elles ont environ 8 mètres de diamètre, sont formées par des plaques en fonte striées et leur encorbellement de 1 mètre au moins est supporté par des consoles en fer. Les plates-formes des six fourneaux communiquent ensemble par des ponts très-larges, de telle sorte que la circulation des brouettes peut se faire très-facilement d'un bout à l'autre de la rangée; car il y a au moins 2 mètres de passage sur chaque gueulard entre la cheminée et la balustrade en tôle pleine qui forme bataille et règne sur tout le pourtour des plates-formes et des ponts.

Le tuyau vertical de prise de gaz est assemblé avec un autre tuyau en tôle horizontal qui est soutenu par la cheminée du gueulard. Ce tuyau, fermé à une extrémité, s'infléchit à l'autre perpendiculairement pour arriver dans une caisse à poussière. Derrière la rangée des sept fourneaux règne, à une hauteur de 4 mètres environ au-dessus du sol, un réservoir général où les gaz des fourneaux en feu viennent se réunir : c'est un gros tuyau en tôle de 1 mètre de diamètre environ qui a plus de 100 mètres de longueur, et qui conduit les gaz aux divers points où ils doivent être utilisés.

On remarque sur ce tuyau deux larges disques de 3 mètres de diamètre environ qui servent de compensateurs pour les dilatations, de manière à éviter les déchirements.

Machines soufflantes. — Les machines soufflantes sont au nombre de trois. Elles sont toutes les trois à balancier, ayant chacune un seul cylindre soufflant et un volant isolé mis en mouvement par une bielle, articulée sur un appendice du balancier derrière le cylindre vapeur, ainsi que l'indique la figure 5.

Leur construction est la même : les cylindres vapeur ont une distribution à soupapes mues par une tringle et les cylindres soufflants sont à clapets.

L'exécution et l'installation de ces machines sont des plus élégantes. La chambre des machines est parquetée en plaques de fonte ornées. Les cylindres artistement décorés et peints s'élèvent au-dessus de ce parquet. Les diverses tringles et tiges montent et descendent par des ouvertures *ad hoc*. Un élégant escalier-vis à jour en fonte, orné, conduit d'abord sur un plancher au niveau du dessus de ces cylindres, puis ensuite sur un autre au niveau des tourillons des balanciers.

Ces énormes pièces de fonte sont peintes et décorées avec soin.

Les immenses bielles qui commandent les volants sont en bois armé de deux flasques en fer plat et également peintes.

Des boîtes à glaces, installées sur les balanciers au-dessus des tourillons, renferment des compteurs pendulaires, dont l'extérieur est le même que celui des compteurs de tours de roues sur les steamers, qui servent à enregistrer le nombre d'oscillations doubles.

Enfin, un prolongement de l'escalier conduit au-dessus des bâtiments des machines où se trouvent un grand réservoir d'eau et un belvédère élevé, d'où l'on peut embrasser l'ensemble de l'usine.

L'usine de Barrow est située dans une position des plus pittoresques, au bord de la mer. Du haut de ce belvédère, l'œil s'étend sur les rivages et sur les flots de la mer d'Irlande, en même temps que sur les verts pâturages et les riantes collines appartenant au duc de Devonshire, propriétaire de presque toute la contrée. En face des hauts-fourneaux, de l'autre côté du canal de Barrow, s'étend l'île pittoresque de Walney, couverte de grands arbres.

Une seule usine de hauts-fourneaux, en France, peut rivaliser avec celle de Barrow, sous le rapport du paysage, c'est celle de Saint-Louis, près Marseille, qui n'a pas que ce seul point de ressemblance dans la situation.

Les machines n°s 1 et 2 sont exactement pareilles, et d'une force nominale, chacune, de 120 chevaux. Les cylindres vapeur ont 1 m. 193 (47 pouces) de diamètre et les cylindres soufflants 2 m. 489 (98 pouces) de diamètre; leur hauteur utile à tous deux étant 2 m. 745 (9 pieds).

La machine n° 3 est plus grande : sa force nominale est de 150 chevaux; le cylindre vapeur a 1 m. 270 (50 pouces) de diamètre, et le cylindre soufflant a 2 m. 667 (105 pouces); sa hauteur utile étant encore 2 m. 745.

Les machines emploient toutes trois de la vapeur à 1 at. 75 de pression (25 liv. par pouce carré) et travaillent avec détente. Elles soufflent dans le même régulateur et peuvent fournir ensemble, par minute, 1,360 mètres cubes d'air à une pression de 15 centimètres de mercure (48,000 pieds cubes à une pression de 3 livres par pouce carré). Les machines n°s 1 et 2 donnent alors 15 à 16, et la machine n° 3, 18 à 20 coups doubles par minute. La vitesse minimum des machines n°s 1 et 2 est donc de 1 m. 37 par seconde, et celle maximum de la machine n° 3 est de 1 m. 80 par seconde. A ces vitesses, on ne remarque pas la moindre vibration ni le moindre ébranlement; le jeu des clapets se fait presque sans bruit. Il y a, du reste, en Angleterre des machines verticales à clapets qui marchent avec une vitesse beaucoup plus considérable : celle de Dowlais, par exemple, qui atteint 2 m. 30 de vitesse avec 19 coups doubles par minute.

Les trois machines envoient le vent dans un régulateur formé de deux tuyaux en tôle de 1 mètre de diamètre et de près de 100 mètres de longueur, régnant derrière la rangée des fourneaux et supporté par les appareils à chaud auxquels il distribue le vent.

Chaudières a vapeur. — Nous ne donnerons quelques détails que sur les chaudières qui fournissent la vapeur aux trois machines soufflantes : ce sont les plus importantes et les plus intéressantes.

Ces chaudières sont partagées en deux batteries situées de part et d'autre du bâtiment des machines. La première batterie, la première construite, se compose de six chaudières semblables ; chacune de ces chaudières se compose d'un corps cylindrique sans bouilleurs, ayant 10 mètres 675 (35 pieds) de longueur et 1 mètre 98 (6 pieds 1/2) de diamètre, renfermant deux tubes à feu cylindriques de 61 centimètres (2 pieds) de diamètre. Ces tubes dépassent le fond plat antérieur du corps cylindrique de 40 centimètres environ ; ils sont fermés par une plaque de fonte dans laquelle se trouvent les deux portes du foyer et du cendrier. Les portes du cendrier sont pleines, celles du foyer sont percées chacune d'une ouverture ronde à segments angulaires qui peut être ouverte plus ou moins au moyen d'un papillon à segments correspondants (*Fig.* 6). La grille se trouve à peu près au milieu du diamètre du tube, elle est horizontale et a 1 mètre environ de longueur. Les gaz arrivent au-dessus de chaque grille par un tube aplati vertical perpendiculaire au foyer ; ils se mélangent avec la proportion d'air qui pénètre par les ouvertures à papillon. Le cendrier est toujours hermétiquement fermé. La flamme circule en deux courants, composés chacun de la longueur du tube pour se rendre dans une cheminée générale. Lorsque nous visitâmes l'usine, ces six chaudières étaient allumées et alimentaient les machines n°s 2 et 3, faisant l'une quatorze coups doubles et l'autre dix-sept à dix-huit coups doubles.

La seconde batterie se compose de quatre chaudières non tubulaires ayant aussi 10 mètres 675 (35 pieds) de longueur et un diamètre un peu moindre, 1 mètre 83 (6 pieds). Les gaz arrivent aussi perpendiculairement par la façade antérieure dans deux carneaux latéraux situés au-dessous du corps cylindrique, Chacun de ces carneaux a une grille et des portes semblables à celles des tubes à feu de la première batterie.

On espère que ces chaudières, qui n'avaient pas encore été allumées, produiront un effet utile plus considérable que celles de la première batterie. On m'a dit que, d'après les résultats déjà obtenus, avec huit chaudières allumées, on comptait souffler six fourneaux en consumant au plus 50 kilogrammes (1 cwt) d'escarbilles de charbon par tonne de fonte produite.

Appareils a air chaud. — Les appareils à air chaud existants, et destinés à six fourneaux en feu, sont au nombre de quatorze, savoir : deux pour chaque fourneaux et deux supplémentaires (qui correspondent aux fourneaux 1 et 5). Ces appareils sont de deux types différents. Ceux du premier type avaient été construits pour les quatre premiers fourneaux ; on a changé la disposition pour les deux plus récents, et on vient de remonter les appareils du fourneau n° 1, pendant une mise hors, conformément au système adopté en dernier lieu.

Le premier type, qui paraît devoir être abandonné peu à peu par l'usine, avait une parenté assez rapprochée avec les appareils connus (Clarence Iron Works, Gartsherrie Iron Works) dérivant du système Calder. Quoiqu'on ait remédié en partie à un des inconvénients graves de ces appareils, à celui de la complication des pièces de montage, il n'en subsiste pas moins, ainsi que le montrera la description suivante et la figure 8. Chaque four a extérieurement la forme d'un cylindre vertical à base elliptique, de 4 à 5 mètres de longueur, 3 mètres de largeur et autant de hauteur. Le vent arrive par quatre tubulures situées au bas de l'appareil, circule en quatre courants et sort par deux tubulures voisines dans le haut de l'appareil et dans un plan perpendiculaire à celui de l'arrivée.

Les pièces de fonte principales sont deux tuyaux à section rectangulaire courbés en demi-ellipse et portant à leurs extrémités les tubulures. Ainsi que le montre la coupe horizontale *a*, ce tuyau, qui occupe en plan la moitié du four, est partagé dans le sens de sa longueur par une cloison; une autre cloison transversale divise le tuyau en quatre compartiments. Sur la face plate supérieure du tuyau se trouvent deux séries de tubulures correspondantes où viennent s'ajuster les tuyaux de chauffe en siphons, qui sont au nombre de six ou huit de chaque côté. Ces siphons sont rectilignes, d'une seule pièce, ayant la forme d'un 8, chaque orifice ayant environ 15 centimètres (6 pouces) de diamètre. Les trous supérieurs qui ont servi pour le moulage des tuyaux sont fermés par des bouchons en fer mastiqués. Les joints avec le tuyau en fer à cheval se font par des emboîtements légèrement coniques, de sorte que le poids du tuyau tend à resserrer le joint.

Un massif intérieur au four sert à resserrer les gaz en combustion contre les rangées de siphons. Les gaz entrent par en haut dans l'appareil et s'échappent par-dessous. Des frettes horizontales en câbles de fil de fer maintiennent la maçonnerie extérieure du four.

Ces appareils, qui, malgré l'amélioration de quelques détails, ne sont, au fond, que des appareils du système Calder, n'ont pas donné, paraît-il, les résultats qu'on désirait, puisqu'on a adopté un système différent pour les nouveaux appareils, et, comme on va le voir, il résulte du choix même de ce système que le reproche qu'on fait à celui que nous venons de décrire est la répartition inégale du vent entre les différents tuyaux de chauffe.

Dans le nouveau système, le vent se partage aussi en 4 courants, mais ici il est obligé dans chacun de ces courants de suivre tout le développement des siphons. L'appareil se compose de trois espèces seulement de pièces de fonte qui se répètent un grand nombre de fois.

Les tuyaux de chauffe, siphons droits, d'une seule pièce, formés de deux tuyaux droits, de 25 à 30 centimètres, (10 à 12 pouces), de diamètre intérieur réunis à leur partie supérieure par une tubulure de communication et à leur partie inférieure par une simple entretoise pleine venue de fonte. Il y en a de deux hauteurs différentes ; les uns ont toute la hauteur de l'appareil, les autres seulement la demi hauteur, Les boîtes inférieures, espèces de caisses ovoïdales en fonte portant sur leur face plate supérieure deux tubulures évasées pour recevoir les emboîtemens coniques des siphons. Chaque appareil se compose de six rangées, savoir quatre de tuyaux entiers et deux de demi-tuyaux. Dans chaque rangée, il y a six tuyaux syphons.

La surface de chauffe par appareil peut donc être approximativement évaluée à 140 mètres carrés, et comme il y a deux appareils pour chaque fourneau, il en résulte que la surface de la chauffe est d'environ 1 m. 40 par mètre cube d'air lancé par minute. Car on verra plus loin que chaque fourneau consomme par minute jusqu'à 198 mètres cubes (7,000 pieds cubes) d'air à une température de 370 degrés centigrades (700 Fahrenheit).

Ces appareils peuvent chauffer l'air à 425 degrés centigrades (800 Fahrenheit), si on y force la température. Ils ne sont pas sujets aux fuites de vent intérieures qui détériorent si rapidement les tuyaux de fonte; leur construction est simple. Leur surface de chauffe est considérable ; ce qui est nécessaire pour arriver à ces hautes températures par l'emploi des gaz, et on est entièrement satisfait de leur fonctionnement.

Il est inutile d'ajouter que tous les fours sont munis de clapets de sûreté à portes battantes, et qu'on maintient toujours sur les grilles quelques escarbilles allumées pour éviter les explosions.

Extracteurs des gaz. — Nous devons maintenant décrire des appareils qui sont tout-à-fait particuliers à l'usine d'Ulverstone, et qu'aucune autre usine, croyons-nous, d'Angleterre ou du continent n'a encore appliqués.

Les hauts-fourneaux, comme nous l'avons dit, sont situés assez près du rivage dans une position assez exposée aux vents de la mer qui contrarient quelquefois le tirage des cheminées. On tenait cependant à ce que l'emploi des gaz pût se faire avec la plus grande régularité, de manière à consommer le moins de houille possible tant pour la production de la vapeur que pour le chauffage de l'air.

M. Smith a imaginé pour cela d'employer des extracteurs o

exhausteurs, plus ou moins analogues aux ventilateurs des mines ou aux extracteurs des usines à gaz. Ce sont des ventilateurs à enveloppe de tôle qui aspirent les produits de la combustion des gaz par un grand carneau souterrain et qui les rejettent par un autre carneau souterrain dans les cheminées d'appel.

L'usine doit comprendre quatre ventilateurs situés en plein air de part et d'autre du bâtiment des machines motrices. Ces ventilateurs ont 3 m. 20 (10 pieds 1/2) de diamètre extérieur et 33 centimètres (13 pouces) de diamètre intérieur. Ils sont mus par deux machines de 40 chevaux chacune, ayant des cylindres vapeur de 61 centimètres (24 pouces) de diamètre et 1 m. 22 (4 pieds) de course, qui transmettent le mouvement au moyen de roues dentées de 4 m. 88 (16 pieds) et 5 m. 49 (18 pieds) de diamètre.

Nous n'avons pas vu fonctionner ces ventilateurs qui étaient arrêtés lors de notre visite, mais nous avons constaté que les gaz circulaient dans leur intérieur.

On nous a dit être très-satisfait des services rendus par ces nouveaux appareils, joints au système de prise de gaz adopté.

Nous avons, du reste, constaté qu'on ne consommait pas de charbon sur les grilles des divers appareils chauffés par les gaz.

Appareils de chargement. — Nous avons dit déjà que tous les fourneaux étaient munis au gueulard de plates-formes spacieuses communiquant toutes ensemble. Deux plans inclinés (situés entre les fourneaux 2 et 3, 4 et 5) servent à amener les charges au niveau des gueulards. Ces plans inclinés sont formés chacun de deux puissantes poutres en fer et tôle, portant sur trois points, le sol, le pont au niveau des gueulards et un support intermédiaire, ainsi que l'indique la figure 7.

Sur chacun de ces plans circule une plate-forme, dont le niveau est horizontal, portée par quatre roues égales. Au bas du plan est une fosse disposée de façon à ce que le niveau de la plate-forme se trouve correspondre au sol de la halle de chargement. Au haut du plan, la plate-forme vient s'ajuster dans un espace vide laissé dans le pont qui réunit les gueulards des deux fourneaux voisins.

C'est sur ces plates-formes que se placent les ouvriers chargeurs avec les brouettes contenant la charge préparée. Chaque charge de minerai comprend six brouettes, et chaque charge de coke douze brouettes.

Le cable du plan incliné de chargement passe sur une poulie située au-dessous du pont et va s'enrouler sur le tambour de la machine motrice. Un chariot contre-poids, attaché à un autre cable, circule dans l'entre-voie au-dessous de la plate-forme. La machine motrice est située derrière la rangée des fourneaux; c'est une machine d'extraction de houillère, à deux cylindres horizontaux et à engrenage, qui commande un tambour sur lequel s'enroule le câble rond en fil de fer qui remonte la plate-forme.

Il y a deux plans inclinés et, par suite, deux machines motrices tout-à- fait identiques. Il n'existe pas d'autre voie pour se rendre au sommet des fourneaux, et, du reste, le service se fait fort bien, quoique chaque plan ait à monter plus de 4,000 tonnes de matières par semaine.

Dispositions générales de l'usine. — Les sept hauts-fourneaux (*a*, *a*, *a*, fig. 10) sont rangés sur une même ligne allant du nord au sud, à peu près parallèlement au canal de Barrow. Les appareils à air chaud (*b*, *b*, *b*) sont rangés derrière les fourneaux sur une même ligne entre celle des fourneaux et le canal : ce sont ces appareils qui supportent les grands tuyaux de conduite de vent et de gaz. A une extrémité de ces tuyaux, au sud, se trouve le bâtiment de la soufflerie (*c*), ayant de chaque côté ses chaudières. Entre les appareils à air chaud et la mer se trouvent en *d* les machines motrices des plans inclinés et en *e* les grands ventilateurs.

Les coulées se font sur une grande aire pavée en briques qui règne devant toute la rangée des fourneaux et en plein air. Les plans inclinés *f*, *f* passent au-dessus de cette aire en briques, et leur pied se trouve dans le hangar de chargement *g*. Le sol du hangar de chargement se trouve en contre-bas de celui de l'aire des coulées et aussi en contre-bas de la terrasse sur laquelle arrivent en *h*, *h* les wagons de minerais et de coke. Contre le mur de soutènement de cette terrasse se trouvent, en *i*, *i*, des fosses à compartiments où les wagons du chemin de fer viennent décharger les cokes, les minerais et les castines.

Quoique l'usine soit située à 1 kilomètre 1/2 de la station de

Barrow, les voies du chemin de fer viennent jusque dans son intérieur, et les wagons circulent partout, soit pour apporter les matières premières, soit pour emporter les produits. L'usine est sillonnée dans toutes ses parties de voies sur lesquelles circule une locomotive de service à quatre roues. Le mouvement des matières se fait avec une facilité et un accord tel, que nous n'avons vu nulle part d'encombrement, et cependant près de 4,000 tonnes entraient ou sortaient par vingt-quatre heures au moment de notre visite.

L'usine comprend aussi une maison d'administration très-élégante, construite en briques, comme tout le reste de l'usine, et qui renferme un télégraphe électrique qui met les bureaux en communication soit avec la station de Barrow, soit avec la direction à Ulverstone, soit avec tout autre point du Royaume-Uni.

CHAPITRE V

Roulement de l'usine.

Les *cokes*, nous l'avons déjà dit, sont les *Best Pease's cokes*, et viennent de Darlington, dans le Durham. Ils sont fort beaux, durs, et renferment 5 à 6 pour 100 de cendres seulement. Les *minerais*, comme les *castines*, viennent des environs de Barrow et Ulverstone, d'une distance de 6 à 7 kilomètres environ. Les minerais proviennent de diverses mines qui appartiennent à l'usine. Voici leur description :

1° Le *Red ore* proprement dit, venant de Park-Mine, est une hématite rouge à cassure luisante, tout-à-fait identique, à l'œil, au minerai de Lavoulte. Sa teneur va jusqu'à 67,55 pour 100 de fer ; il renferme :

Péroxyde de fer	96,50
Matières siliceuses.	3

2° Le *Newton ore* (mine de Newton-Heads) est une hématite rouge mamelonnée et rayonnée, ressemblant au minerai de Parkside. Sa teneur est 67,02 ; il renferme :

Péroxyde de fer	95,75
Matières siliceuses.	4

3° Le *Best Monzel ore* (mine de Monzell) est une hématite rouge en gravier pisolithique. Sa teneur est souvent de 65,80 pour 100 ; il renferme alors :

Péroxyde de fer	94
Matières siliceuses.	5,50

4° Le *Puddling ore*, venant de Whitriggs-Mine, est pulvérulent. Sa teneur est aussi de 65,80 pour 100.

5° Enfin le *Black ore*, venant de Park-Mine, est une hématite rouge très-manganésée qui ne renferme que 30,03 pour 100 de fer, mais qui donne à l'analyse :

Péroxyde de fer	42,90
Protoxyde de manganèse . .	50
Matières siliceuses.	7,10

Ces minerais s'emploient mélangés dans une certaine proportion. Voici l'analyse sommaire du lit de fusion en minerai qui a normalement une teneur de 57 pour 100 en fer :

Péroxyde de fer	81,44
Gangues.	12,50
Eau	6

Nous donnerons quelques détails sur le roulement des fourneaux n°s 5 et 6, qui sont les plus nouveaux et les plus intéressants. Il est probable, du reste, que, peu à peu, les quatre autres fourneaux seront rétablis dans les mêmes conditions que les n°s 5 et 6.

Nous avons eu occasion de voir comment se faisait la mise en feu d'un fourneau dont on avait réparé le creuset, les étalages et la prise de gaz. La méthode employée est la même que celle adoptée maintenant par plusieurs usines du bassin du Rhône. On met quelques charges de bois sec dans le creuset ; un caniveau en briques simplement posées assure la circulation de l'air nécessaire. Par-dessus le bois, le reste du creuset et une partie des étalages, jusqu'à 2 mètres de hauteur environ, sont remplis avec du gros charbon arrangé de manière à laisser place à un peu d'air ; puis le reste du fourneau est rempli de coke jusqu'au gueulard où se trouve une première charge de castine avec un peu de minerai. On allume le bois qui est sur la sole et quand le feu s'est communiqué au charbon, on bouche hermétiquement l'avant-creuset avec du sable et du fraisil en ne laissant que le caniveau ouvert. On laisse le feu couvert dans les parties basses du fourneau pendant douze heures environ, puis on procède aux premières grilles.

Nous avons déjà décrit la manière dont les charges se faisaient avec des brouettes en bois ; elles sont pesées sur des bascules à fosse dans la halle de chargement. Le vent arrive dans le fourneau par six tuyères ; les buses ont 76 millimètres, (3 pouces) de diamètre. La pression du vent est de 12 centimètres de mercure environ, et sa température 370 degrés centigrades (700 Fahrenheit) environ.

Quant à la quantité du vent, on nous a dit qu'on l'évaluait à 198 mètres cubes (7000 pieds cubes) par minute environ, aux machines. En effet les machines numéros 2 et 3, marchaient la première à 14 et la seconde à 17 coups doubles par minute pour souffler cinq fourneaux représentant 27 buses, le volume total engendré est 900 mètres cubes environ, soit 33 mètres cubes par tuyère, soit 198 mètres cubes pour un fourneau soufflé par 6 tuyères.

Les deux machines étaient alimentées par les 6 chaudières de la première batterie.

On souffle six fourneaux avec ces deux mêmes machines donnant quelques coups de plus.

La production du fourneau numéro 6, d'après un roulement que nous avons vu, est d'environ 90 tonnes de fonte grise numéro 2 et numéro 3 par vingt-quatre heures.

Voici un extrait de ce roulement pour Avril 1862 ;

3 avril.	78,819 kilog.
4.	77,192
5.	90,239
6.	84,246
7.	82,624
8.	92,417
9.	95,666
10.	89,172
. . . .	
Moyenne de 14 jours. (soit 91 tons 7 cwt 3 liv.).	92,723 kilog.

(En Angleterre on calcule par *fortnight*, deux semaines).

Les fourneaux des numéros 1, 2, 3, 4, produisent moins que les fourneaux numéros 5, et 6, à cause de leurs dimensions moindres et de la moindre quantité de vent lancée. Mais la moyenne de l'usine dépasse 60 tonnes par fourneau et par jour.

Ces résultats laissent loin derrière eux ceux des plus grands fourneaux connus jusqu'à présent, même ceux de l'immense fourneau de Dowlais qui a plus de 6 mètres de diamètres au ventre et qui est soufflé par 7 tuyères. On verra tout à l'heure qu'ils sont obtenus avec des conditions de prix de revient très-satisfaisantes.

On fait 3 coulées par 24 heures, en gueusets. Les laitiers pour l'allure de fonte grise numéros 2, et 3, qui est la seule que nous ayons vue, étaient opaques, blancs grisâtres, avec une très-légère teinte violacée. Ils sortent du reste en faible quantité, vu la richesse du lit de fusion. Ils renferment très-peu de fer. L'usine marche presque constamment en fonte grise, quoiqu'elle soit, sous ce rapport, dans des conditions inverses de celles des usines du Pays de Galles, puisque les cokes sont relativement plus chers que les minerais. Mais la question de la spécialité des produits pour aciéries l'emporte sur la question d'économie du combustible.

Voici les consommations qui nous ont été indiquées par tonne de fonte grise numéro 2, et numéro 3.

Minerais. .	1,730 kilog. à	1,750 kilog.	(1 t. 14 cwt à 1 t. 14 cwt 1/2)
Cokes. . .	918	943	(18 à 18 cwt 1/2)
Castine . .	294	»	(5 et 3/4 cwt)

On peut d'après les renseignements que nous avons recueillis, établir approximativement le prix de revient, ainsi qu'il suit :

1,750 kilog.	minerais.	à 13 fr. les °/oo.		22 fr.	75 c.
950	coke.	22	—	20	90
300	castine	3	—	»	90
100	houille menue (chaudières et air chaud).	13	—	1	30
Main-d'œuvre totale, maximum (6 sh.)				7	50
Frais divers (fournitures, entretien, direction) (4 sh.) . .				5	»
Total du prix de revient de la tonne de fonte. . . . . non compris les intérêts du capital engagé.				58 fr.	35 c.

Ce chiffre que nous considérons comme assez près de la vérité et plutôt au-dessus qu'au dessous, se rapproche beaucoup du prix de revient des fontes du Cleveland, qui sont fabriquées avec les mêmes cokes et avec un mélange de minerais du pays et d'hématites du district des Lacs. Les usines du Cleveland sont plus favorisées sous le rapport du coke qui ne leur coûte que 12 fr. 50 la tonne; mais les minerais sont plus chers, même ceux du pays, qui, s'ils ne coûtent que 7 fr. 50 environ la tonne grillée, ne rendent que 40 pour 100 de fonte, en consommant environ 1 tonne 1/2 de coke.

Le district des Lacs prend donc place immédiatement à côté du Cleveland (Middlesborough), comme production économique de la fonte et le laisse derrière lui, aussi bien que le Pays de Galles et le Staffordshire, sous le rapport de la qualité des produits.

Ce résultat a produit une vive sensation en Angleterre en prouvant que l'adoption des nouvelles dispositions indiquées, venant en aide à la richesse des minerais, a avantageusement contrebalancé pour l'usine de Barrow, l'infériorité résultant de l'éloignement du combustible. Aussi, croyons-nous que l'exemple de MM. Schneider et Hannay trouvera, non-seulement peut-être dans le district des Lacs, mais dans d'autres parties de l'Angleterre, des imitateurs qui voudront joindre aux avantages naturels que donne la proximité des matières premières, ceux qui dérivent des perfectionnements dans les appareils et les modes de fabrication.

Et nous craignons fort que le poétique district des Lacs ne voie dans peu d'années, quelques-unes de ses verdoyantes vallées littorales envahies par la fumée et les laitiers, ces destructeurs du paysage.

Nous terminons ici cette monographie où nous avons exposé des particularités qui nous ont vivement frappé dans un récent voyage pour le nord de l'Angleterre, heureux si nous avons pu communiquer notre impression à nos lecteurs métallurgistes et aider dans notre faible part à l'avancement et au progrès en France d'une industrie qui nous est chère.

Octobre 1862.

Paris.—Imp. A. Guyot et Scribe, rue Neuve-des-Mathurins, 18.

S. Jordan. Usines à fonte d'hématite

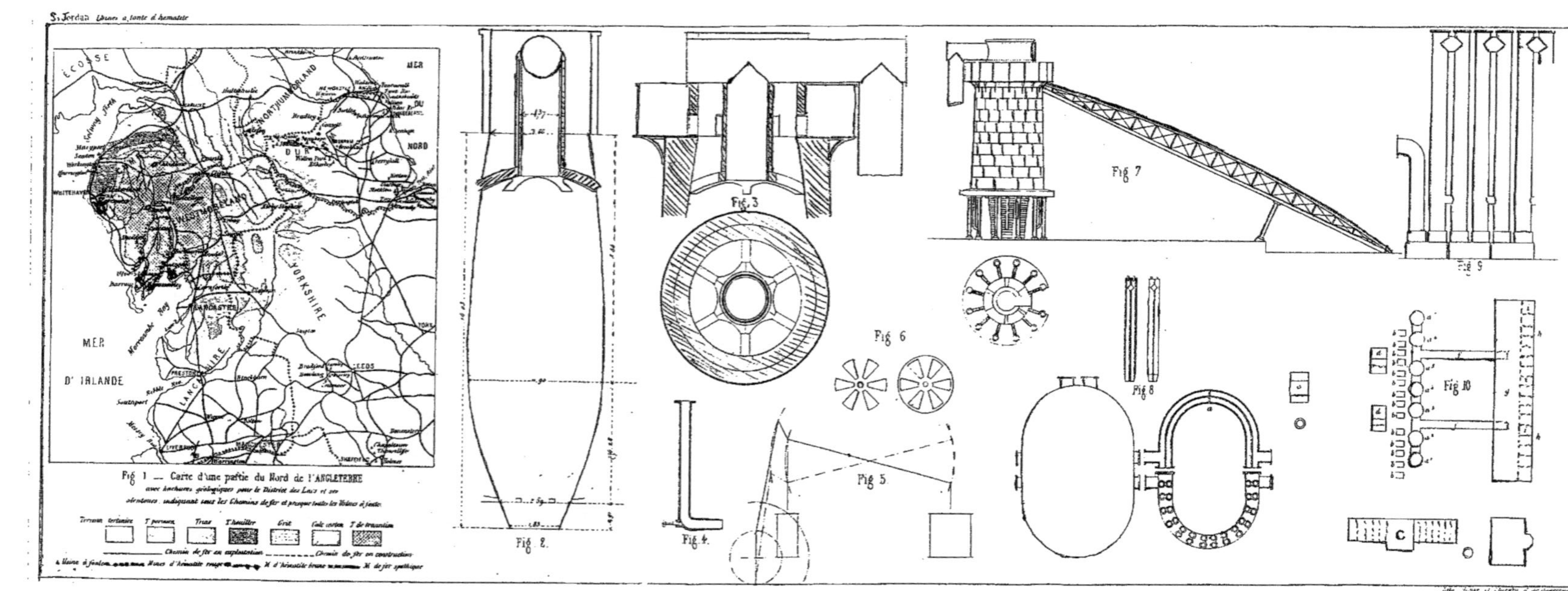

Fig. 1 — Carte d'une partie du Nord de l'ANGLETERRE
avec hachures géologiques pour le District des Lacs et ses environs, indiquant tous les Chemins de fer et presque toutes les Usines à fonte.

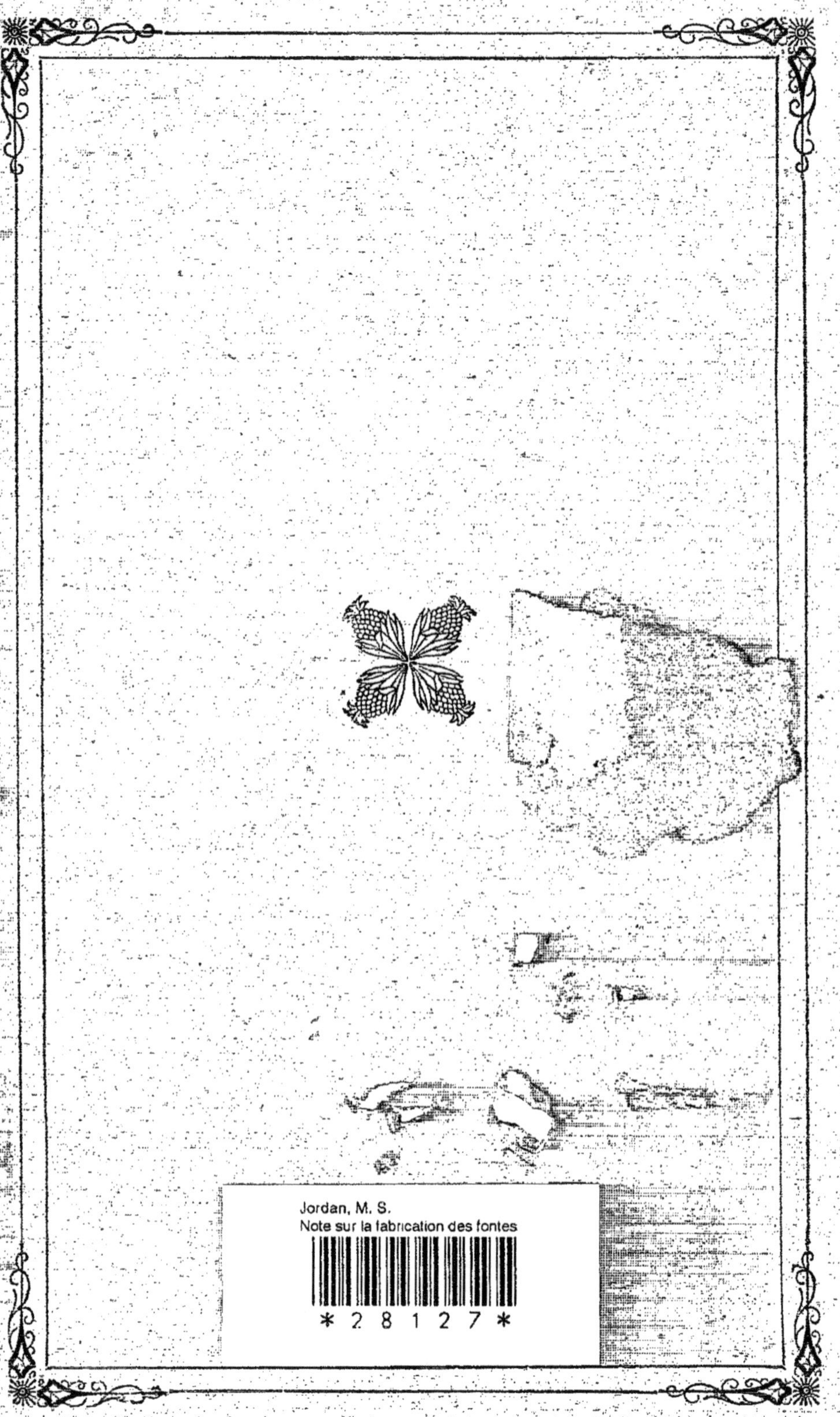

www.ingramcontent.com/pod-product-compliance
Ingram Content Group UK Ltd.
Pitfield, Milton Keynes, MK11 3LW, UK
UKHW022148190726
13855UKWH00004B/1386